INTERVENCIÓN EDUCATIVA ELABORADA POR ENFERMERAS Y MATRONAS PARA DISMINUIR LAS TASAS DE OBESIDAD ENTRE LA POBLACIÓN GESTANTE.

Encarnación Barroso Fernández

Mª Ángeles Cutilla Muñoz

Ana Mª Cutilla Muñoz

1ª Edición

ISBN: 978-1-291-05550-4

Impreso en España/Printed in Spain

Publicado por Lulu

Este estudio está dedicado a todas las mujeres

que quieren lo mejor para sus hijos y su familia.

ÍNDICE

RESUMEN

La obesidad, cuya prevalencia tiene una progresión al alza en los últimos años constituye todo un factor de riesgo para padecer cierto número de complicaciones obstétricas y perinatales.

Nos referimos a la aparición de Diabetes, infertilidad, abortos espontáneos, tromboembolismos, hipertensión, pre-eclampsia, partos inducidos, cesáreas, hemorragias postparto, partos prolongados, estancias hospitalarias más largas, partos pretérminos, recién nacidos de alto peso (macrosomas), anomalías congénitas, problemas en la lactancia materna...

Estas complicaciones, obviamente generan un mayor gasto sanitario al necesitar más asistencia y utilización de recursos sanitarios en general.

El papel de la matrona resulta de gran relevancia para la educación nutricional y detección de problemas en este grupo poblacional ya que acompaña a la mujer durante el embarazo en la Atención Primaria, en su estancia en el hospital y posteriormente de nuevo en Atención Primaria en el puerperio.

Por todo ello, y dirigiéndolo hacia nuestro ámbito profesional hemos decidido llevar a cabo una intervención dirigida a capacitar a la mujer para llevar una alimentación y actividad física apropiadas y con ello un control de la ganancia ponderal durante su gestación.

De esta manera, se evitarán riesgos derivados de la obesidad ya no sólo durante esta etapa, sino durante toda su vida.

PALABRAS CLAVE

Obesidad, Complicaciones obstétricas, Morbilidad materna, Morbilidad perinatal, Intervención educativa

ANTECEDENTES Y ESTADO ACTUAL DEL TEMA

Para documentar apropiadamente el trabajo, se han revisado bases de datos de la Cochrane Plus Library, Medline, Cuiden y Cinahl, así como consultado manuales obstétricos. Se han seleccionado los artículos publicados desde el año 2008, aunque la mayor parte de ellos han sido publicados desde el 2012.

La obesidad, cuya prevalencia tiene una progresión al alza en los últimos años constituye todo un factor de riesgo para padecer cierto número de complicaciones obstétricas y perinatales. Me refiero a la aparición de Diabetes, infertilidad, abortos espontáneos, tromboembolismos, hipertensión, pre-eclampsia, partos inducidos, cesáreas, hemorragias postparto, partos prolongados, estancias hospitalarias más largas, partos pretérminos, recién nacidos de alto peso (macrosomas), anomalías congénitas, problemas en la lactancia materna... Estas complicaciones, obviamente generan un mayor gasto sanitario al necesitar más asistencia y utilización de recursos sanitarios en general. Existen numerosos artículos hacen referencia a tal evento [2][3][4][5][6][7][8][9][10]

La obesidad, es un complejo desorden la salud, con múltiple etiología. Básicamente, cuando la ingesta de alimentos es mayor al gasto energético del organismo, el exceso de grasa es almacenado.

En su aparición, intervienen factores como ingesta calórica elevada, sedentarismo, consumo de alcohol, factores genéticos, el sexo, factores socio-económicos, y embarazo.

En muchos casos, el sobrepeso y obesidad eran previos al embarazo, pero también es cierto que muchas otras ven el inicio de este problema en su embarazo.

El aumento de peso, acompañado de una reducción de la actividad física y todo ello condicionado por un potente cóctel hormonal (estrógeno y prolactina), favorecen el crecimiento del tejido adiposo.

El aumento de peso normal en una mujer embarazo es de unos 12-13 kilos y se distribuye de la siguiente manera:

RN	3,5 Kg
Útero	1 Kg
Líquido Amniótico	1 Kg
Placenta y membranas	1 Kg
Aumento de volemia	1 Kg
Volumen de senos	0,5 Kg
Reserva de grasa	2,5 Kg
Líquido retenido	2-3 Kg

Todos los estudios realizados están de acuerdo en establecer una clasificación del estado nutricional en función del IMC, o índice de masa corporal, medidos en Kg/cm^2 De este modo la clasificación sería:

- Bajo peso IMC<18.5

- Normopeso IMC de 18.5 a 24.9

- Sobrepeso IMC de 25 a 29.9

- Obesidad IMC de 30 a 34,9

- Muy obesa IMC de 35 a 39.9

- Obesidad mórbida IMC>40

Si bien algunos autores sólo toman en consideración la siguiente clasificación:

Bajo peso IMC < 18,5
Normopeso IMC de 18,5 a 24,9
Sobrepeso IMC de 25 a 29,9
Obesidad IMC > 30

Por lo tanto, y para establecer un criterio uniforme de inclusión a las gestantes en el grupo de intervención, se tendrá como referencia, un Índice de Masa corporal de 30 kg/cm^2.

Tras todo lo expuesto anteriormente, y desde el punto de vista práctico de mi quehacer diario, he de reconocer que muchas mujeres abandonan su interés por cuidarse precisamente cuando más lo necesitan. No son conscientes de la importancia de mantener una dieta equilibrada y de realizar un adecuado ejercicio. Muchas desconocen los riesgos que conlleva el llevar mal control metabólico.

Acaban sus gestaciones con ganancias ponderales por encima de lo deseado, y además quedan con un problema de sobrepeso que arrastran tras el parto.

Con esta intervención, se pretende velar por un correcto estado de salud materno fetal, y además de evitar morbilidad perinatal, mejoramos el nivel de salud de la madre durante su vida.

OBJETIVOS

OBJETIVO GENERAL

Valorar la efectividad de una intervención en materia educativa sobre aspectos nutricionales en mujeres con IMC elevados susceptibles de encontrarse en situación de riesgo para padecer complicaciones obstétricas.

OBJETIVOS ESPECÍFICOS

Capacitar a las gestantes mediante información para llevar a cabo hábitos dietéticos saludables y acompañarlos de actividad física regular y adaptada a sus características.

Disminuir la prevalencia de las complicaciones derivadas de la obesidad en el embarazo, parto, e incluso en la vida posterior de la mujer.

Mejorar los resultados obstétricos y perinatales mediante la consecución de un aumento del número de partos eutócicos.

Establecer un sistema de evaluación que permita valorar el éxito de las medidas tomadas.

METODOLOGÍA

ÁMBITO DE LA INTERVENCIÓN

Serán objeto de la intervención todas aquellas gestantes que acudan al centro de Salud para seguimiento del embarazo. Estas mujeres, que entran dentro del Proceso de Atención al Embarazo, Parto y Puerperio de la Junta de Andalucía, serán valoradas por la matrona, que determinará aquellas que sí están expuestas al factor de riesgo-obesidad.

Como referente, se considerará criterio de inclusión un IMC igual o superior a 30.

Aunque todas las usuarias se beneficiarán de consejos dietéticos y estilo de vida saludable, se realizará mayor seguimiento en estas mujeres.

LUGAR

Área sanitaria correspondiente a Distrito Jerez- Costa Noroeste. Las actividades se llevarán a cabo en cada Centro de Atención Primaria de dicho Distrito.

TIEMPO

Dado que la duración de una gestación es al menos de nueve meses, necesitaremos de un año para comenzar a evaluar los resultados de dicha intervención.

INTERVENCIÓN

En el Proceso Asistencial de Embarazo, parto y puerperio de la Junta de Andalucía, existen una serie de visitas programadas donde varios profesionales, Matrona, Médico de Familia, y Tocólogos realizan control y seguimiento de la evolución del embarazo y puerperio de todas las gestantes que acuden al mismo.

Aquellas que realiza con la matrona, son objeto de esta intervención, ya que aunque, se realizará de manera multidisciplinar, será dicho profesional el que aborde el manejo y control y el que considere su derivación a otras especialidades de manera puntual.

Es el profesional que más veces valora a la gestante durante todo su embarazo.

Dichas visitas están regladas de la siguiente manera:

1ª antes de la semana doce de gestación.
2ª entre las semanas 16 a 18.
3ª entre las semanas 22 a 24.
4ª entre las semanas 26 a 28.
5ª entre las semanas 33 a 36.
6ª entre las semanas 38 a 39.
7ª en los primeros diez días tras el parto.

Dentro de la Educación Maternal, que consta de cinco sesiones, la primera, destinada a hablar sobre los cambios en la primera etapa del embarazo será ligeramente modificada. Al producirse esta sesión dentro de los dos primeros trimestres, se incluirá una sesión de educación y promoción de hábitos de vida saludables, incluyendo alimentación y actividad física regular.

En la primera visita, dentro de las doce primeras semanas de gestación, el profesional que la recibe es la matrona. En esta primera visita se contempla el consejo alimenticio y la promoción de hábitos saludables y ejercicio físico regular.

Esta actividad se oferta a todas las gestantes, independientemente de su IMC, ya que todas deben beneficiarse de la misma. Se refuerza dicha información con folletos y cuadernillos que la usuaria se lleva a su domicilio.

Se determina su inclusión o no dentro del grupo de riesgo, a aquellas cuyo IMC iguala o supera 30 Kg/cm^2.

A aquellas que sí lo estén, se les aplicará, además, una serie de medidas adicionales:

-Petición de prueba de tolerancia a Hidratos de Carbono (O'Sullivan) para descartar aparición de Diabetes Gestacional.

-Solicitar marcadores de función Tiroidea, para detección precoz de hipo o hipertiroidismo.

Las dos medidas anteriores están encaminadas a conocer qué mujeres deben llevar un control metabólico más concienzudo por parte de los Tocólogos de la Consulta de Alto Riesgo o bien los Endocrinos.

Además, se les sugerirá una dieta, avalada por el servicio de Endocrinología, donde, sin que falten nutrientes esenciales para el desarrollo del feto, pueda controlarse de manera más ordenada la ganancia ponderal.

Aunque las sesiones de Educación Maternal se realizan a partir de la semana 28 de gestación, hay una clase especial que se oferta a aquellas madres en el primer y segundo trimestre, que habla sobre los cambios en el embarazo.

Como ya hemos comentado anteriormente, aprovecharemos esta sesión para reforzar la intervención que nos atañe.

Ya en visitas posteriores, haciendo coincidir con las visitas a la matrona se va haciendo un seguimiento del peso ganado en las gestantes y ajustando la dieta según evolución. Se debe reforzar positivamente los logros conseguidos.

Si existen derivaciones a otros profesionales, o durante las visitas al tocólogo se produce algún cambio de situación que sea susceptible de modificación de la intervención, será anotada en el Documento de Salud del Embarazo (cartilla maternal). Este documento servirá de vía de comunicación de profesionales, así como informes que pueda aportar de manera puntual la usuaria.

En la visita puerperal, dentro de los 10 días siguientes al parto, se recogen los datos del parto.

Dicha recogida de datos, es de especial interés para la evaluación de la efectividad de la intervención.

LIMITACIONES

Es posible que a muchas mujeres les cueste trabajo llevar a cabo recomendaciones prescritas, ya que durante el embarazo surgen muchas situaciones que pueden dificultarlas:

-Estado anímico especial, inestable, muy común entre gestantes.

-Amenazas de aborto, sangrados, placentas mal insertadas, que son incompatibles con realización de actividad física.

-Las dietas prescritas no han de ser demasiados restrictivas, ya que deben asegurar un correcto desarrollo de las estructuras fetales.

-Hay que tener claro que hay que adaptar las indicaciones a la situación de la gestante en cada momento.

-En cuanto a los registros, pueden quedar incompletos por incomparecencia de las gestantes a las visitas.

EVALUACIÓN

Al inicio del embarazo, durante la primera visita, la matrona, tras recibir el consentimiento de la usuaria, realiza un registro personal de las gestantes sobre peso, Fecha de última Regla, Fecha probable del parto...

En cada visita, registra la ganancia ponderal y anota las incidencias de interés.

En la visita puerperal, las matronas registran datos del parto, y de evolución del embarazo, aparición de complicaciones...Esos datos son recogidos de igual manera a aquellas que han tenido correcto control metabólico y aquellas que no lo han tenido; a aquellas que han recibido intervención educativa y las que no han acudido a visitas o sesiones informativas.

Las variables a tener en cuenta serán:

-Actividad educativa recibida de forma completa o incompleta.

-Peso ganado.

-Complicaciones obstétricas durante embarazo: aparición de Diabetes, Hipertensión, pre-eclampsia...

-Morbilidad perinatal: fetos macrosomas, malformaciones...

-Complicaciones obstétricas: partos instrumentados, cesáreas, inducciones, hemorragias postparto...

-Grado de satisfacción de la usuaria con respecto a la intervención recibida.

Recomendamos consultar Anexos 1, 2 y 3.

Se comparan los resultados entre las que completaron las actividades formativas y las que no.

Se comparará, dentro del grupo que ha sido sometido a la intervención completa, los resultados de aquellas que han conseguido un buen control metabólico de las que no.

Al tratarse de un estudio de corte o descriptivo tiene, además de las ventajas del bajo coste y rapidez, la facilidad para poder realizar modificaciones del proceso.

Se deben tener en cuenta la opinión e impresiones de las usuarias sobre el proceso.

Hay que tener especial cuidado en la recogida de los datos, ya que muchas mujeres no acuden a la visita puerperal, bien por olvido o desidia. Hay que insistir para que acudan a esta última visita.

APLICABILIDAD

En términos generales, creo que es una intervención fácil de insertar dentro del Programa de Atención a la Mujer Embarazada. De hecho, ya se realizan labores de consejo nutricional, pero de forma menos unificada y organizada. Tan sólo se necesitan sistemas de registros, documentación de apoyo, material de papelería para repartir las dietas, y la voluntad de compromiso de los profesionales implicados.

La relación coste-beneficios potenciales, es bastante buena e interesa apoyar este tipo de iniciativas que contribuyen a mejorar unos de los pilares fundamentales de la salud: una correcta alimentación y hábitos de vida saludables.

RECURSOS

Los recursos necesarios para la puesta en marcha de la intervención se clasifican en:

Recursos humanos:

→ Una matrona de Atención Primaria encargada en cada visita de capacitar a las mujeres mediante información y motivación, así como en la Educación Maternal, y de la recogida de datos durante las consultas de embarazo o puerperio.

→Endocrino de referencia, que realiza mayor seguimiento en aquellas mujeres con patología

asociada: diabetes,
hipotiroidismo...

Recursos materiales:

→ Ficha personal de la gestante
con sus datos personales,
entrevista inicial, final y en el
postparto y deseo de
participar en la investigación.

→ Folleto y material por
escrito sobre hábitos higiénico
dietéticos y dietas.

→ Sala espaciosa donde poder
reunir a las gestantes.

→ Consulta de Matrona en
Centro de Salud.

BIBLIOGRAFÍA

1.- Imaging and obesity: a perspective during pregnancy. Maxwell C, Glanc P. AJR Am J Roentgenol. 2011 Feb;196(2):311-9.

2.- Obesity in pregnancy. Davies GA, Maxwell C, McLeod L, Gagnon R, Basso M, Bos H, Delisle MF, Farine D, Hudon L, Menticoglou S, Mundle W, Murphy-Kaulbeck L, Ouellet A, Pressey T, Roggensack A, Leduc D, Ballerman C, Biringer A, Duperron L, Jones D, Lee LS, Shepherd D, Wilson K; Society of Obstetricians and Gynaecologists of Canada. J Obstet Gynaecol Can. 2010 Feb;32(2):165-73. Review.

3.-Maternal metabolism and obesity: modifiable determinants of pregnancy outcome. Nelson SM, Matthews P, Poston L. Hum Reprod Update. 2010 May-Jun;16(3):255-75. Epub 2009 Dec 4. Review.

4.-Maternal obesity and pregnancy. Satpathy HK, Fleming A, Frey D, Barsoom M, Satpathy C, Khandalavala J. Postgrad Med. 2008 Sep 15;120(3):E01-9. Review.

5.-Obesity in pregnancy: a major healthcare issue. Tsoi E, Shaikh H, Robinson S, Teoh TG. Postgrad Med J. 2010 Oct;86(1020):617-23. Review

6.-Risks and management of obesity in pregnancy: current controversies. Wax JR. Curr Opin Obstet Gynecol. 2009 Apr;21(2):117-23. Review.

7.-The impact of maternal obesity on maternal and fetal health. Leddy MA, Power ML, Schulkin J. Rev Obstet Gynecol. 2008 Fall;1(4):170-8.

8.-The short- and long-term implications of maternal obesity on the mother and her offspring. Catalano PM, Ehrenberg HM. BJOG. 2006 Oct;113(10):1126-33. Epub 2006 Jul 7. Review

9.- Obesity and pregnancy. Dixit A, Girling JC. J Obstet Gynaecol. 2008 Jan;28(1):14-23

10.- Obesity, gestational diabetes and pregnancy outcome. Yogev Y, Visser GH. Semin Fetal Neonatal Med. 2009 Apr;14(2):77-84. Epub 2008 Oct 15. Review

11.- Chu SY, Bachman DJ, Callaghan WM, Whitlock EP, Dietz PM, Berg CJ, O'Keeffe-Roseti M, Bruce FC, Hornbrook MC. Association between obesity during pregnancy and increased use of health care. N Eng J Med. 2008 Apr 3; 358(14); 1444-53.

12.- Getahun D, Kaminsky LM, Elsasser DA, Kirby RS, Ananth CV, Vintzileos AM. Changes in prepegnancy body mass index between pregnancies and riks of primary cesarean delivery. Am J Obstet Gynecol. 2007 Oct; 197(4).376.e1-7

13.- Ehrenberg HM, Mercer BM, Catalano PM. The influence of obesity and diabetes on the prevalence of macrosomia. Am J Obstet Gynecol. 2004 Sep; 191(3): 964-8

14.- Getahun D, Ananth CV, Peltier MR, Salihu HM, Scorza WE. Division of Epidemiology and Biostatistics, Department of Obstetrics, Gynecology, and Reproductive Sciences, University of Medicine and Dentistry New Jersey-Robert Wood Johnson Medical School, New Brunswick, NJ 08901-1977, USA.

15.- Bhattacharya S, Campebell DM, Liston WA, Bhattacharya S. Effect of Body Mass Index on pregnancy outcomes in nulliparous women delivering singleton babies. BMC Public Health. 2007 Jul 24; 7(147):168.

16.- Rasmussen KM, Kjolhede CL. Prepegnant overweight and obesity diminish the prolactin response to suckling in the first week postpartum. Pediatrics. 2004 May; 113(5):e465-71.

17.-Getahun D, Ananth CV, Oyelese Y, Chavez MR, Kirby RS, Smulian JC. Primary preeclampsia in the second pregnancy: effects of changes in prepregnancy body mass index between pregnancies. Obstet Gynecol. 2007 Dec; 110(6): 1319-25.

18.- Herman AA, Yu KF. Adolescent age at first pregnancy and subsequent obesity. Paediatr Perinat Epidemiol. 1997 Jan; 11 Suppl 1:130-41.

19.- Cnattingius S, Bergström R, Lipworth L, Kramer MS. Prepegnancy weight and the risk of adverse pregnancy outcomes. N Engl J Med. 1998 Jan 15; 338(3):147-52.

20.- Vahratian A, Siega-Riz AM, Savitz DA, Zhang J. Maternal pre-pregnancy overweight and obesity and the risk of cesarean delivery in nulliparous women. Ann Epidemiol. 2005 Aug; 15(7):467-74.

21.-Sarkar RK, Cooley SM, Donnelly JC, Walsh T, Collins C, Geary MP. The incidence and impact of increased body mass index on maternal and fetal morbidity in the low-risk primigavid population. J Matern Fetal Neonatal Med. 2007 Dec;20(12): 879-83.

22.- Raatikanien K, Heiskanen N, Heinonen S. Transition from overweight to obesity worsens pregnancy outcome in a BMI-dependent manner. Obesity (Silver Spring). 2006 Jan;14(1):165-71.

23.-Doherty DA, Magann EF, Francis J, Morrison JC, Newham JP. Pre.pregnancy body mass index and pregnancy outcomes.Int J Gynaecol Obstet. 2006 Dec; 95 (3):242-7. Epub 2006 Sep 27.

24.- Siega-Riz AM, Siega-Riz AM, Laraia B. The implications of maternal overweight and obesity on the course of pregnancy and birth outcomes. Matern Child Health J 2006 Sep; 10(5 Suppl):S153-6. Review.

25.- Buhimschi CS, Buhimschi IA, Malinow AM, Weiner CP. Intrauterine pressure during the second stage of labour in obese women. Obstet Gynecol. 2004 Feb; 103(2):225-30.

26.- Kaiser PS, Kirby RS. Obesity as a risk factor for cesarean in a low-risk population. Obstet Gynecol. 2001 Jan; 97(1):39-43.

27.- Dietz PM, Callaghan WM, Morrow B, Cogswell Me. Population-based assessment of the risk of primary cesarean delivery due to excess prepregnancy weight among nulliparous women delivering term infants. Matern Child Health J. 2005 Sep; 9(3):237-44.

28.-Durnwald CP, Ehrenberg HM, Mercer BM. The impact of maternal obesity and weight gain on vaginal birth after cesarean section succes. Am J Obstec Gynecol. 2004 Sep; 191 (3): 954-7.

29.- Kramer Ms, Kakuma R. Ingesta proteico-energética durante el embarazo (Revisión Cochrane traducida). Biblioteca Cochrane Plus, núm. 4, 2007.

30.- Smulders B, Croon M. Embarazo seguro. Edición Española. Editorial Medici, 2001.

ANEXO 1

CONSENTIMIENTO PARA LA INCLUSIÓN AL ESTUDIO

Tras ser informada sobre el estudio
EFECTIVIDAD DE UNA INTERVENCIÓN EDUCATIVA PARA DISMINUIR LA PREVALENCIA DE COMPLICACIONES OBSTÉTRICAS DERIVADAS DE LA OBESIDAD EN EL ÁREA SANITARIA DEL HOSPITAL DE JEREZ

por mi matrona, deseo formar parte del mismo y autorizo a que se utilicen mis datos con tal fin.

Informada

por:...(matrona)

Firma y fecha:

ANEXO 2

REGISTRO INICIAL (Edad gestacional aproximada 12 semanas)

Nombre y apellidos de la gestante:

Edad: Paridad:

Fecha Última Regla:

Fecha Probable Parto: /   /

Domicilio:

Población: Teléfono de contacto:

PESO: TALLA:

IMC:

ANEXO 3

REGISTRO EN POSTERIORES VISITAS

Nombre:

1) Fecha:

   Peso:

   Incidencias:

2) Fecha:

   Peso:

   Incidencias:

3) Fecha:

   Peso:

   Incidencias:

4) Fecha:

   Peso:

   Incidencias:

5) Fecha:

   Peso:

   Incidencias:

ANEXO 4

REGISTRO POSTPARTO

Nombre:

Ganancia ponderal total:

Incidencias Madre:

Parto pretérmino

Parto a término

Parto postérmino

Parto eutócico

Parto distócico:

- Ventosa

- Fórceps

- Espátulas

- Cesáreas

Peso RN:

Incidencias RN:

ANEXO 5

ENTREVISTA FINAL (POSTPARTO) para la usuaria

¿Ha acudido a la sesión de Educación Maternal?
SI   NO

¿Leyó los folletos entregados sobre consejo dietético y hábitos?   SI   NO

¿Cree que la información aportada le ha sido útil?   SI   NO

¿Cree haber ampliado conocimientos en la materia?   SI   NO

¿Ha acudido a todos los controles de la
matrona?   SI   NO

¿Encuentra satisfactoria la experiencia?
                    SI   NO